RAPPORT

FAIT

A LA SOCIÉTÉ ROYALE ET CENTRALE D'AGRICULTURE,

Dans sa séance du 4 Janvier 1832,

SUR

UN NOUVEAU PUITS FORÉ,

Etabli dans la raffinerie de M. Bayvet, rue de la Roquette, n°. 72, faubourg Saint-Antoine.

COMMISSAIRES,

MM. Héricart de Thury, de Chabrol, Payen, Girard et Hachette.

PARIS,

IMPRIMERIE DE Mme. HUZARD (née VALLAT LA CHAPELLE),
Imprimeur de la Société,
RUE DE L'ÉPERON SAINT-ANDRÉ-DES-ARTS, N°. 7.

JANVIER 1832.

RAPPORT

Sur un nouveau puits foré, établi dans la raffinerie de M. Bayvet, *rue de la Roquette*, n°. 72, *faubourg Saint-Antoine. — Commissaires*, MM. Héricart de Thury, de Chabrol, Payen, Girard et Hachette.

Le puits de M. *Bayvet* a été exécuté sous la direction de M. *Degousée,* ingénieur civil, à qui vous avez décerné, dans la séance générale du 10 avril 1831, un prix pour l'établissement du puits foré de Tours.

L'ouverture du puits est dans une cour; la profondeur totale du sondage est de 50 mètres et demi, à partir du pavé de cette cour. Le puits a traversé quatre nappes d'eau. M. *Bayvet* tirait de la première nappe, au moyen d'une pompe établie dans un ancien puits, les eaux nécessaires pour le service de sa raffinerie; mais ces eaux étant chargées de sels terreux, il fit, à ses frais, l'essai d'un puits foré, avec l'espérance d'atteindre une source d'eau moins impure. Son but a été rempli; le tube de sondage, composé de tuyaux en fer ou en cuivre, pénétra une couche de sable quartzeux fin baigné par une source d'eau limpide et pure. Cette couche est à 50 mètres et demi du sol de la cour, et les eaux qui la baignent se sont élevées dans le tube de sondage à $2^{m},33$ en contre-bas du sol de la cour de la raffinerie (maison de la rue de la Roquette), et à $3^{m},4$ au dessus du pavé de l'égout situé au bas de cette rue.

Le dessin à l'échelle $\frac{1}{133}$, joint à ce rapport, montre les diverses couches de terre traversées par le puits foré : le nombre de ces couches est de trente; la plupart sont en roches calcaires, marnes grises et sables siliceux ; on n'a rencontré que deux couches d'argile, l'une, de 50 centimètres d'épaisseur, à 47 mètres du sol, entre la troisième et la quatrième nappe d'eau ; puis une autre couche de 14 centimètres d'épaisseur immédiatement au dessous de la quatrième nappe, dont les eaux, pures et limpides, s'élèvent à $2^{m},33$ en contre-bas du sol.

On voit sur le même dessin une coupe du système de tuyaux qui composent le tube de sondage. Au fond d'un cavage cylindrique de $2^{m},66$ en profondeur et en diamètre, on a placé une caisse en bois carré, de 18 centimètres de côté et de 12 mètres en longueur ; cette caisse est traversée par des tuyaux en tôle brasée, de 14 centimètres de diamètre et de 24 mètres en longueur totale. Le tube d'ascension est formé par des tuyaux de cuivre de 9 centimètres de diamètre sur une longueur de 43 mètres A partir de l'extrémité inférieure de la conduite en cuivre jusqu'à la quatrième nappe d'eau, le trou se maintient, par la cohésion des terres, sur une hauteur verticale de 5 mètres et demi.

Le sondage entier a été exécuté, sur une hauteur verticale de 50 mètres et demi, du 15 septembre au 1er. décembre dernier; il a coûté environ 2,500 fr., dont 1,700 fr. en sondage et 800 fr. en tuyaux de cuivre ou fonte de fer.

On estime à un demi-pouce fontainier ou environ 7 litres le volume d'eau qui s'écoule par minute par la section du tuyau en cuivre, prise à 17 centimètres en contre-bas du niveau stationnaire de l'eau dans ce tuyau (1).

Le faubourg Saint-Antoine, riche en ateliers pour les arts mécaniques, possède encore un grand nombre de fabriques dont le succès dépend de la qualité des eaux : il est probable que les propriétaires de ces fabriques suivront le bon exemple donné par M. *Bayvet*, et que bientôt

(1) Une pompe d'épuisement manœuvrée pendant 18 heures consécutives, a donné 6000 litres à l'heure sans que l'abondance de l'eau diminuât. (*Note de M.* Degousée.)

de nouveaux sondages feront connaître la partie du faubourg correspondante à la nappe d'eau qui vient d'être découverte à la profondeur de 50 mètres et demi.

Le dessin, communiqué par M. *Degousée,* et joint à ce rapport, fait voir que la première nappe, la plus rapprochée du sol, à laquelle les anciens puits aboutissent, est à 7 mètres en contre-bas du sol. Au dessous est une deuxième nappe, dont les eaux s'élèvent par le tube de sondage à $4^m,66$ en contre-bas du sol; les eaux d'une troisième nappe s'élèvent par le même tube à $3^m,33$, et enfin celles de la quatrième nappe à $2^m,33$.

On a pour les distances successives des quatre nappes :

$$18^m,55,\ 19^m,05,\ 15^m,85,$$

La moyenne de ces trois distances est $17^m,81$.

Les niveaux des eaux de ces nappes sont en contre-bas du sol, aux distances :

$$7^m,05,\ 4^m,66,\ 3^m,33,\ 2^m,33:$$

d'où l'on voit que la nappe la plus profonde est celle dont les eaux remontent le plus près du sol ; ce qui fait présumer que ces nappes communiquent avec des réservoirs d'eau placés à la surface de la terre, conformément à l'opinion des savans géologues, MM. *Humboldt*, *Baillet*, *Héricart de Thury*, etc.

La moyenne des distances successives des quatre nappes étant 17m,8, il est probable qu'une cinquième nappe, si elle existe, est à 20 mètres au plus de la quatrième, et que les eaux, partant de cette cinquième nappe, se rapprocheraient encore plus du sol que la quatrième : il y a donc lieu d'espérer que les eaux atteindront ou arriveront très près du niveau de la cour de M. *Bayvet*.

On a constaté, par l'analyse des eaux des deuxième et troisième nappes, qu'elles n'étaient pas aussi pures que celles de la quatrième nappe. M. *Degousée* pense que les eaux séléniteuses de la première nappe se mêlent par infiltration aux eaux inférieures, et qu'elles n'atteignent pas la quatrième nappe ; ce qui confirme cette conjecture, c'est l'existence d'une couche unique d'argile placée entre la troisième et la quatrième nappe.

Vos Commissaires pensent qu'un nouveau puits foré de la profondeur de 70 mètres, placé près de l'égout de la rue de la Roquette, sera, sous plusieurs rapports, d'une grande utilité. Il est probable que les eaux tirées de cette profondeur atteindront le sol des jardins des maraîchers du quartier, et qu'elles s'éleveront assez au dessus du niveau des eaux de la Seine (1) pour procurer une nouvelle puissance mécanique d'autant plus grande, que les puits seront plus multipliés. Dans le cas le plus défavorable, où le percement jusqu'à 70 mètres ne donnerait pas une cinquième nappe d'eau, le nouveau puits présenterait les mêmes avantages que celui de M. *Bayvet;* il conduirait les eaux de la quatrième nappe au dessus de l'égout qui est au bas de la rue de la Roquette; les eaux, par leur écoulement continuel, contribueraient à la salubrité du quartier, principalement dans la saison des sécheresses, à moins que, par une bizarrerie souterraine, dont il y a plusieurs exemples, la quatrième nappe d'eau fût interrompue et ne s'étendît pas du haut de la rue de la Roquette jusqu'en bas; ce qui est très peu probable.

Ainsi, dans l'intérêt de l'horticulture, des arts chimiques ou mécaniques et de la salubrité publique, vos Commissaires ont l'honneur de vous proposer de manifester le vœu de la Société

---

(1) Le niveau de la bouche de l'égout de la rue de la Roquette est à $18^{m},10$ au dessous du niveau moyen des eaux du bassin de la Villette, et à $6^{m},66$ au dessus de l'étiage de la Seine mesurée au pont de la Tournelle.

(*Note de M.* GIRARD.)

royale et centrale d'agriculture, qu'il soit exécuté, aux frais du Gouvernement ou de la ville de Paris, un nouveau sondage dans le faubourg Saint-Antoine. La Société peut espérer que l'exécution du nouveau puits ne sera pas ajournée par raison d'économie; la dépense pour un percement à la profondeur de 70 mètres sera, au plus, de 5,000 fr., et la valeur intrinsèque du puits, prolongé seulement jusqu'à la quatrième nappe d'eau, sera au moins de la moitié de cette somme. HACHETTE, *rapporteur.*

Analyse de l'eau du puits foré de M. BAYVET, *rue de la Roquette*, n°. 72; *par* M. PAYEN.

Les essais préliminaires ont présenté les résultats suivans :

Par l'oxalate d'ammoniaq. :	précipité abondant.
— hydrochlor. de baryte :	trouble, puis dépôt léger.
— eau de baryte...... :	précipité abondant, presque totalement dissous par l'acide hydrochlorique.
— nitrate d'argent...... :	liquide opalin.
— teintures, tournesol et mauves............ :	caractères alcalins.

Ainsi la présence du carbonate de chaux, des sulfate et hydrochlorate était clairement indiquée. (Les réactifs n'indiquèrent pas de fer ni d'hydrogène sulfuré.)

Afin de déterminer les proportions des sels dissous dans cette eau, un litre fut évaporé à siccité dans une petite capsule successivement remplie et contenant à la fois seulement 40 grammes. Le résidu de l'évaporation, séché à 100° au contact de l'air, pesait 540 milligrammes; chauffé au rouge brun dans un tube, il s'est charbonné en dégageant les produits des matières organiques, plus, des traces d'ammoniaque; traité par l'eau, puis le résidu insoluble dissous dans l'acide hydrochlorique et précipité par l'ammoniaque, etc., etc., a donné les quantités suivantes :

Carbonate de chaux. . .	0g,414	par litre ou par 1000 gr.
Sulfate de chaux.	0, 074	*id.*
Chlorure de calcium. . .	0, 040	*id.*
Matières organiques. . .	0, 012	*id.*

En faisant dégager, par l'ébullition, les gaz contenus dans cette eau, puis éliminant l'acide carbonique par la soude caustique, elle a donné *en volumes :*

Air atmosphérique. .	0lit.,02	ou 0,00002 ,
Acide carbonique. . .	0lit.,025	ou 0,000025.

En comparant les résultats de cette analyse avec celle des diverses eaux courantes qui arrivent à Paris, on voit qu'elle contient moins de sulfate de chaux que la plupart d'entr'elles ; et qu'en résidu total, elle laisse moins à l'évaporation que les eaux de Belleville, des prés Saint-Gervais, de la Beuvronne et de la Bièvre, mais plus que les autres (1) ; que, d'ailleurs, elle est

(1) *Analyse comparée des eaux courantes de Paris ; par MM.* THÉNARD, TARBÉ, HALLÉ *et* COLIN, *sur 15 litres.*

	Centimètres d'air.	Centilitres d'acide carbonique.	Grammes de résidu total.	Gramm. de sulf. de chaux.	Gram. de carbonate de chaux.	Grammes de sel marin.	Grammes de sels déliquescens.	Gram. de matières organiques.
Eau de Belleville et de Ménilmontant.	36,17	29,50	24,735	17,040	3,830	0,347	3,518	
Id. des prés St.-Gervais. .	40,78	32,67	17,281	6,655	3,540	0,439	6,647	
Id. de la Beuvronne. . . .	37,94	23,17	10,999	6,728	2,386	0,000	1,885	
Id. de la Bièvre au dessus de Paris.	35,89	19,89	9,824	3,758	2,047	0,169	1,638	
Id. de la Seine sous Paris.	36,28	12,54	2,613	0,295	1,940	0,000	0,373	
Eau du puits foré, rue de la Roquette. . . . . Analyse de M. Payen, supposée sur 15 litres.	30,00	37,50	8,100	1,110	6,210	0,000	0,60 Chlor. de calcium.	0,18

de beaucoup moins impure que toutes les eaux des puits de Paris; qu'enfin elle ne contient pas, comme les eaux des puits forés à Saint-Ouen, d'acide hydrosulfurique.

Le sable dans lequel est arrêté le tube est en grains fins de quartz blanc diaphane, mêlé de 0,05 de deuto-sulfure de fer, de 0,008 de carbonate de chaux en petits grains durs, opaques, arrondis et quelques uns anguleux ; enfin, de traces de matières organiques et de quelques parcelles de charbon végétal. La couche de ce sable est à 50 mètres et demi au dessous du sol de la cour de M. *Bayvet*.

La composition que nous avons indiquée ci-dessus peut n'être pas définitive ; en effet, il est arrivé que les sources artésiennes ont présenté des variations après une certaine durée d'écoulement ; on conçoit, par exemple, que l'eau restée en contact pendant un temps considérable avec des grains durs de carbonate de chaux ait pu en dissoudre une certaine proportion, tandis que, constamment renouvelée, elle n'en puisse plus prendre que des quantités de plus en plus faibles.

Il n'y aurait donc rien d'étonnant à ce que le puits de M. *Bayvet* s'épurât encore par degrés. Afin de vérifier cette supposition, nous ferons une nouvelle analyse de cette eau lorsque l'on en aura tiré une grande quantité pour l'usage de la raffinerie.

31 décembre 1831. PAYEN.

EXPLICATION DE LA PLANCHE

Jointe au Rapport sur le puits foré de la rue de la Roquette, n°. 72, faubourg Saint-Antoine, à Paris.

1re. *colonne.*

La planche comprend la coupe du puits foré, et cinq colonnes indicatives; sur la première colonne à gauche de la coupe, les chiffres de 1 à 6 sont placés sur diverses lignes de niveau, savoir le chiffre 1 sur le sol, le chiffre 2 sur le niveau de l'eau ascendante du puits foré de M. *Bayvet*, dont la profondeur est de 50 mètres et demi. Le chiffre 3 correspond au niveau de l'eau dans les anciens puits; enfin, les chiffres 4, 5, 6 indiquent les niveaux des trois nappes ascendantes traversées par les tuyaux du puits foré de M. *Bayvet*, qui atteignent la quatrième nappe.

2e. *colonne.*

Elle comprend les lettres de l'alphabet de *a* en *z*, et des mêmes lettres accentuées de *a'* en *e'*. Chaque lettre est placée entre deux lignes horizontales du dessin; elle sert de renvoi sur la légende, pour désigner la couche du terrain, dont l'épaisseur est mesurée par la distance des deux horizontales.

3e. *colonne.*

Les nombres de cette colonne expriment en mètres et centimètres l'épaisseur des diverses couches du terrain.

4e. *colonne.*

Les nombres de cette colonne indiquent en mètres et centimètres la distance de chaque couche du terrain au sol du pavé de la cour de M. *Bayvet*. On obtient ces nombres en ajoutant ceux de la 3e. colonne : ainsi, le troisième nombre 5,99 est la somme des trois nombres 2,66 — 1,00 — 2,33 ; le dixième nombre est la somme des dix premiers nombres de la troisième colonne, et ainsi de suite jusqu'au trentième et dernier de la 4e. colonne, qui est la somme des épaisseurs des trente couches traversées par le sondage.

5e. colonne.

Cette colonne est placée à la droite de la coupe du puits foré ; elle se compose des six chiffres depuis 7 jusqu'à 12 inclusivement ; les cinq premiers correspondent sur la légende de la 5e. colonne aux divers tuyaux dont le tube de sondage se compose. Le dernier 12 indique la nappe d'eau, extrémité du puits foré.

Coupe du puits foré fait par M. J. Degousée, *chez M.* Bayvet, *rue de la Roquette,* n°. 72, *à Paris.*

1 Sol pavé de la cour.

2 Hauteur de l'eau la plus ascendante, à 2m,33 centimètres au dessous du niveau du pavé de la cour.

3 Première nappe d'eau, ou nappe d'eau des puits des environs, à 7m,05 du sol.

4 Deuxième nappe d'eau ascendante à 4,66 en contrebas du pavé.

5 Troisième nappe d'eau ascendante à 3,33 au dessous du pavé de la cour et à 1m,33 au dessus de la nappe d'eau des puits des environs.

6 Quatrième nappe d'eau ascendante, à 2,33 centimètres au dessous du niveau du pavé de la cour.

Légende de la 2e. colonne.

a, Terrain de remblai.
b, Terre végétale de jardin.
c, Sable jaune fin.
d, Sable gravier de rivière.
e, Sable maigre, allant en grossissant.
f, Plaquettes de calcaire à grain fin.
g, Marne grise mêlée de plaquettes.
h, Roche calcaire, grain fin.
i, Roche calcaire, marne blanche.
j, Roche calcaire siliceuse.
k, Roche brune.
l, Banc de roches séparé par de légères couches de marne grise.
m, Sable gris très fin et coulant.
n, Roche calcaire à grain fin.
o, Marne verte.
p, Roche calcaire siliceuse (caillasses).
q, Roche calcaire séparée par de légères couches de marne verte.
r, Marne verte et grise mêlée de caillasses.
s, Roche calcaire mêlée de marne verte.
t, Marne verte.
u, Sable gris et vert mêlé de cailloux roulés.
v, Marne sableuse mêlée de plaquettes.
x, Caillasses grisâtres.
y, Roche brune.
z, Argile noirâtre.
a', Caillasses et grès siliceux.
b, Glaise sableuse et noirâtre.

c', Sable quartzeux fin.
d', Sable quartzeux plus gros.
e', Argile noirâtre.

Légende de la 5e. colonne.

7 à 7'. Cavage de 8 pieds (2^m,66) de profondeur sur 8 de largeur, qui reçoit les eaux de la nappe la plus ascendante, et dans lequel se trouve la pompe qui élève l'eau pour le service de la raffinerie.

8 à 9. Caisse en bois d'orme de 18 centimètres de diamètre intérieur sur 18 mèt. de longueur.

8 à 10. Tuyaux de fer pour retenir les sables, de 14 centimètres de diamètre et de 24 mètres de longueur.

8 à 11. Tuyaux de cuivre de 9 centimètr. de diamètre et de 43 mètres de longueur

9 Fin de la caisse en bois.

10 Fin des tuyaux de fer.

11 Fin des tuyaux de cuivre.

12 Quatrième nappe d'eau, extrémité du puits foré.

Remarques sur les dimensions du dessin gravé.

L'échelle de la planche est comme sur le dessin de M. *Degousée*, à la réduite $^1/_{135}$; mais on a interrompu sur cette planche les couches les plus épaisses, dans le seul but de diminuer la longueur de la coupe. On rétablira facilement un dessin complet et sans coupure, au moyen des nombres de la troisième colonne indicative. L'échelle de $^1/_{135}$ n'est pas applicable aux diamètres des tuyaux qui forment le tube de sondage ; la grandeur de ces diamètres est indiquée par la légende de la cinquième colonne.

Coupe du Puits foré fait par M. J. Degousée
Chez M. Bayvet, Rue de la Roquette, N.° 72, à Paris

Voyez l'explication Page

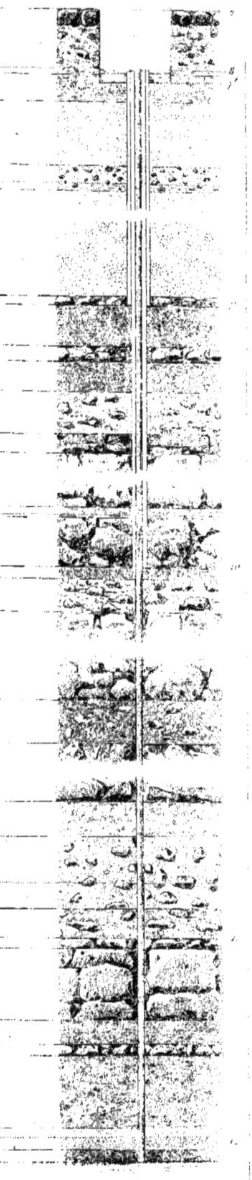

	Mét.	Mét.
a	2,66	2,66
b	1,00	3,66
c	2,33	5,99
d	1,06	7,05
e	7,00	14,05
f	0,45	14,50
g	1,11	15,61
h	0,50	16,11
i	1,10	17,21
j	[illegible]	18,91
k	0,60	19,51
l	5,80	25,31
m	0,25	25,56
n	1,00	26,56
o	0,26	26,82
p	0,75	27,57
q	5,60	33,17
r	0,89	34,06
s	7,10	41,16
t	0,75	41,91
u	2,70	44,61
v	0,66	45,27
x	0,09	45,36
y	1,40	46,76
	0,50	47,26
a'	0,10	47,36
b'	2,90	50,26
c'	0,20	50,46
d'	0,16	50,62
e'	0,14	50,76

Echelle du dessin $\frac{1}{133}$

Mémoires de la Soc. roy. et cent. d'agr. (1832)

www.ingramcontent.com/pod-product-compliance
Ingram Content Group UK Ltd.
Pitfield, Milton Keynes, MK11 3LW, UK
UKHW021151230726
13926UKWH00001B/47